美绘草木手账

Měi Huì Cǎomù Shǒu zhàng

琳达 主编

宁小宁 绘图

中国农业出版社

北京

图书在版编目（CIP）数据

美绘草木手账：2019 年 / 琳达主编；宁小宁绘图 . —
北京：中国农业出版社，2018.9

ISBN 978-7-109-24603-4

Ⅰ . ①美… Ⅱ . ①琳… ②宁… Ⅲ . ①本册 Ⅳ .
① TS951.5

中国版本图书馆 CIP 数据核字 (2018) 第 210876 号

上架建议：手账

ISBN 978-7-109-24603-4

9 787109 246034

定价：68.00元

中国农业出版社出版
（北京市朝阳区麦子店街18号楼）
（邮政编码100125）

策划编辑：黄曦　张丽四　　　责任编辑：黄 曦

北京中科印刷有限公司印刷　新华书店北京发行所发行
2018 年 9 月第 1 版　2018 年 9 月北京第 1 次印刷

开本：889mm×1194mm　1/32　印张：6.75
字数：15 千字
定价：68.00 元

当岁月凝结成文明
当我遇见你……

2019 日历

January 一月

日	一	二	三	四	五	六
		1 元旦	2 廿七	3 廿八	4 廿九	5 小寒
6 初一	7 初二	8 初三	9 初四	10 初五	11 初六	12 初七
13 腊八节	14 初九	15 初十	16 十一	17 十二	18 十三	19 十四
20 大寒	21 十六	22 十七	23 十八	24 十九	25 二十	26 廿一
27 廿二	28 廿三	29 廿四	30 廿五	31 廿六		

February 二月

日	一	二	三	四	五	六
					1 廿七	2 湿地日
3 廿九	4 除夕	5 春节	6 初二	7 初三	8 初四	9 初五
10 初六	11 初七	12 初八	13 初九	14 情人节	15 十一	16 十二
17 十三	18 十四	19 元宵节	20 十六	21 十七	22 十八	23 十九
24 二十	25 廿一	26 廿二	27 廿三	28 廿四		

March 三月

日	一	二	三	四	五	六
					1 廿五	2 廿六
3 廿七	4 廿八	5 廿九	6 惊蛰	7 初一	8 妇女节	9 初三
10 初四	11 初五	12 植树节	13 初七	14 初八	15 消费者权益日	16 初十
17 十一	18 十二	19 十三	20 十四	21 春分	22 十六	23 十七
24 十八	25 十九	26 二十	27 廿一	28 廿二	29 廿三	30 廿四

April 四月

日	一	二	三	四	五	六
31 廿五	1 愚人节	2 廿七	3 廿八	4 廿九	5 清明节	6 初二
7 初三	8 初四	9 初五	10 初六	11 初七	12 初八	13 初九
14 初十	15 十一	16 十二	17 十三	18 十四	19 十五	20 谷雨
21 十七	22 十八	23 十九	24 二十	25 廿一	26 廿二	27 廿三
28 廿四	29 廿五	30 廿六				

May 五月

日	一	二	三	四	五	六
			1 劳动节	2 廿八	3 廿九	4 青年节
5 初一	6 立夏	7 初三	8 初四	9 初五	10 初六	11 初七
12 母亲节	13 初九	14 初十	15 十一	16 十二	17 十三	18 博物馆日
19 十五	20 十六	21 小满	22 十八	23 十九	24 二十	25 廿一
26 廿二	27 廿三	28 廿四	29 廿五	30 廿六	31 廿七	

June 六月

日	一	二	三	四	五	六
						1 儿童节
2 廿九	3 初一	4 初二	5 环境日	6 芒种	7 端午节	8 初六
9 初七	10 初八	11 初九	12 初十	13 十一	14 十二	15 十三
16 父亲节	17 十五	18 十六	19 十七	20 十八	21 夏至	22 二十
23 奥林匹克日	24 廿二	25 廿三	26 廿四	27 廿五	28 廿六	29 廿七

July 七月

日	一	二	三	四	五	六
30 廿八	1 建党节	2 三十	3 初一	4 初二	5 初三	6 初四
7 小暑	8 初六	9 初七	10 初八	11 初九	12 初十	13 十一
14 十二	15 十三	16 十四	17 十五	18 十六	19 十七	20 十八
21 十九	22 二十	23 大暑	24 廿二	25 廿三	26 廿四	27 廿五
28 廿六	29 廿七	30 廿八	31 廿九			

August 八月

日	一	二	三	四	五	六
				1 建军节	2 初二	3 初三
4 初四	5 初五	6 初六	7 七夕节	8 立秋	9 初九	10 初十
11 十一	12 十二	13 十三	14 十四	15 十五	16 十六	17 十七
18 十八	19 十九	20 二十	21 廿一	22 廿二	23 处暑	24 廿四
25 廿五	26 廿六	27 廿七	28 廿八	29 廿九	30 初一	31 初二

September 九月

日	一	二	三	四	五	六
1 初三	2 初四	3 抗战胜利日	4 初六	5 初七	6 初八	7 初九
8 白露	9 十一	10 教师节	11 十三	12 十四	13 中秋节	14 十六
15 十七	16 十八	17 十九	18 二十	19 廿一	20 廿二	21 廿三
22 廿四	23 秋分	24 廿六	25 廿七	26 廿八	27 廿九	28 三十
29 初一	30 初二					

October 十月

日	一	二	三	四	五	六
		1 国庆节	2 初四	3 初五	4 初六	5 初七
6 初八	7 重阳节	8 寒露	9 十一	10 十二	11 十三	12 十四
13 十五	14 十六	15 十七	16 十八	17 十九	18 二十	19 廿一
20 骨质疏松日	21 廿三	22 廿四	23 廿五	24 霜降	25 廿七	26 廿八
27 廿九	28 寒衣节	29 初二	30 初三	31 初四		

November 十一月

日	一	二	三	四	五	六
					1 初五	2 初六
3 初七	4 初八	5 初九	6 初十	7 十一	8 立冬	9 十三
10 十四	11 十五	12 十六	13 十七	14 十八	15 十九	16 二十
17 廿一	18 廿二	19 廿三	20 廿四	21 廿五	22 小雪	23 廿七
24 廿八	25 廿九	26 初一	27 初二	28 感恩节	29 初四	30 初五

December 十二月

日	一	二	三	四	五	六
1 艾滋病日	2 初七	3 初八	4 初九	5 初十	6 十一	7 大雪
8 十三	9 十四	10 十五	11 十六	12 十七	13 国家公祭日	14 十九
15 二十	16 廿一	17 廿二	18 廿三	19 廿四	20 廿五	21 廿六
22 冬至	23 廿八	24 平安夜	25 圣诞节	26 初一	27 初二	28 初三
29 初四	30 初五	31 初六				

当岁月凝结成文明
当我遇见你……

2020 日历

January 一月

日	一	二	三	四	五	六
			1 元旦	2 腊八节	3 初九	4 初十
5 十一	6 小寒	7 十三	8 十四	9 十五	10 十六	11 十七
12 十八	13 十九	14 二十	15 廿一	16 廿二	17 廿三	18 廿四
19 廿五	20 大寒	21 廿七	22 廿八	23 廿九	24 除夕	25 春节
26 初二	27 初三	28 初四	29 初五	30 初六	31 初七	

February 二月

日	一	二	三	四	五	六
						1 初八
2 湿地日	3 初十	4 立春	5 十二	6 十三	7 十四	8 元宵节
9 十六	10 十七	11 十八	12 十九	13 二十	14 情人节	15 廿二
16 廿三	17 廿四	18 廿五	19 雨水	20 廿七	21 廿八	22 廿九
23 初一	24 初二	25 初三	26 初四	27 初五	28 初六	29 初七

March 三月

日	一	二	三	四	五	六
1 初八	2 初九	3 初十	4 十一	5 惊蛰	6 十三	7 十四
8 妇女节	9 十六	10 十七	11 十八	12 植树节	13 二十	14 廿一
15 消费者权益日	16 廿三	17 廿四	18 廿五	19 廿六	20 春分	21 廿八
22 廿九	23 三十	24 初一	25 初二	26 初三	27 初四	28 初五
29 初六	30 初七	31 初八				

April 四月

日	一	二	三	四	五	六
			1 愚人节	2 初十	3 十一	4 清明节
5 十三	6 十四	7 十五	8 十六	9 十七	10 十八	11 十九
12 二十	13 廿一	14 廿二	15 廿三	16 廿四	17 廿五	18 廿六
19 谷雨	20 廿八	21 廿九	22 地球日	23 初一	24 初二	25 初三
26 初四	27 初五	28 初六	29 初七	30 初八		

May 五月

日	一	二	三	四	五	六
					1 劳动节	2 初十
3 十一	4 五四青年节	5 立夏	6 十四	7 十五	8 十六	9 十七
10 母亲节	11 十九	12 护士节	13 廿一	14 廿二	15 廿三	16 廿四
17 廿五	18 博物馆日	19 廿七	20 小满	21 廿九	22 三十	23 初一
24 初二	25 初三	26 初四	27 初五	28 初六	29 初七	30 初八

June 六月

日	一	二	三	四	五	六
31 初九	1 儿童节	2 十一	3 十二	4 十三	5 芒种	6 十五
7 十六	8 十七	9 十八	10 十九	11 二十	12 廿一	13 廿二
14 廿三	15 廿四	16 廿五	17 廿六	18 廿七	19 廿八	20 廿九
21 父亲节	22 初二	23 奥林匹克日	24 初四	25 端午节	26 初六	27 初七
28 初八	29 初九	30 初十				

July 七月

日	一	二	三	四	五	六
			1 建党节	2 十二	3 十三	4 十四
5 十五	6 小暑	7 十七	8 十八	9 十九	10 二十	11 廿一
12 廿二	13 廿三	14 廿四	15 廿五	16 廿六	17 廿七	18 廿八
19 廿九	20 三十	21 初一	22 大暑	23 初三	24 初四	25 初五
26 初六	27 初七	28 初八	29 初九	30 初十	31 十一	

August 八月

日	一	二	三	四	五	六
						1 建军节
2 十三	3 十四	4 十五	5 十六	6 十七	7 立秋	8 十九
9 二十	10 廿一	11 廿二	12 廿三	13 廿四	14 廿五	15 廿六
16 廿七	17 廿八	18 廿九	19 初一	20 初二	21 初三	22 处暑
23 初五	24 初六	25 七夕节	26 初八	27 初九	28 初十	29 十一

September 九月

日	一	二	三	四	五	六
30 十二	31 十三	1 十四	2 十五	3 抗战胜利日	4 十七	5 十八
6 十九	7 白露	8 廿一	9 廿二	10 教师节	11 廿四	12 廿五
13 廿六	14 廿七	15 廿八	16 廿九	17 初一	18 初二	19 初三
20 初四	21 初五	22 秋分	23 初七	24 初八	25 初九	26 初十
27 十一	28 十二	29 十三	30 十四			

October 十月

日	一	二	三	四	五	六
				1 国庆节	2 十六	3 十七
4 十八	5 十九	6 二十	7 廿一	8 寒露	9 廿三	10 廿四
11 廿五	12 廿六	13 廿七	14 廿八	15 廿九	16 三十	17 初一
18 初二	19 初三	20 初四	21 初五	22 初六	23 霜降	24 初八
25 重阳节	26 初十	27 十一	28 十二	29 十三	30 十四	31 十五

November 十一月

日	一	二	三	四	五	六
1 十六	2 十七	3 十八	4 十九	5 二十	6 廿一	7 立冬
8 廿三	9 廿四	10 廿五	11 廿六	12 廿七	13 廿八	14 廿九
15 寒衣节	16 初二	17 学生日	18 初四	19 初五	20 初六	21 初七
22 小雪	23 初九	24 初十	25 十一	26 感恩节	27 十三	28 十四
29 十五	30 十六					

December 十二月

日	一	二	三	四	五	六
		1 艾滋病日	2 十八	3 十九	4 二十	5 廿一
6 廿二	7 大雪	8 廿四	9 廿五	10 廿六	11 廿七	12 廿八
13 国家公祭日	14 三十	15 初一	16 初二	17 初三	18 初四	19 初五
20 初六	21 冬至	22 初八	23 初九	24 平安夜	25 圣诞节	26 十二
27 十三	28 十四	29 十五	30 十六	31 十七		

二十四节气里蕴含的气候密码

农历二十四节气是中国古代订立的一种用来指导农事的补充历法。

◎立春　立是开始的意思，立春就是春季的开始。

◎雨水　降雨开始，雨量渐增。

◎惊蛰　蛰是藏的意思。惊蛰是指春雷乍动，惊醒了蛰伏在土中冬眠的动物。

◎春分　分是平分的意思。春分表示昼夜平分。

◎清明　天气晴朗，草木繁茂。

◎谷雨　雨生百谷。雨量充足而及时，谷类作物能茁壮成长。

◎立夏　夏季的开始。

◎小满　麦类等夏熟作物籽粒开始饱满。

◎芒种　麦类等有芒作物成熟。

◎夏至　炎热的夏天来临。

◎小暑　暑是炎热的意思。小暑就是气候开始炎热。

◎大暑　一年中最热的时候。

二十四节气是中国古代的劳动人民长期经验的积累和智慧的结晶。

◎立秋　秋季的开始。

◎处暑　处是终止、躲藏的意思。处暑是表示炎热的暑天结束。

◎白露　天气转凉，露凝而白。

◎秋分　昼夜平分。

◎寒露　露水已寒，将要结冰。

◎霜降　天气渐冷，开始有霜。

◎立冬　冬季的开始。

◎小雪　开始下雪。

◎大雪　降雪量增多，地面可能积雪。

◎冬至　寒冷的冬天来临。

◎小寒　气候开始寒冷。

◎大寒　一年中最冷的时候。

中国十大名花名录

NO 1 花中之魁——梅花

NO 2 花中之王——牡丹花

NO 3 凌霜绽放——菊花

NO 4 君子之花——兰花

NO 5 花中皇后——月季花

NO 6 繁花似锦——杜鹃花

NO 7 花中娇客——山茶花

NO 8 水中芙蓉——荷花

NO 9 十里飘香——桂花

NO 10 凌波仙子——水仙花

一月 January

白玉兰 Baiyulan

白玉兰为亚热带树种，喜光而稍耐阴。较耐寒，北京地区可露地越冬。喜肥沃、湿润而排水良好的土壤。肉质根，不耐积水。先花后叶，花期二至三月，果熟期八至九月，种子有胚胎休眠现象。

1月1日 · 农历十一月二十六 · 元旦 · 星期二

日	一	二	三	四	五	六
		1	2	3	4	5
6	7	8	9	10	11	12
13	14	15	16	17	18	19
20	21	22	23	24	25	26
27	28	29	30	31		

1月2日 · 农历十一月二十七 · 星期三

1月3日 · 农历十一月二十八 · 星期四

1月4日 · 农历十一月二十九 · 星期五

要事提醒

一月

January

1月5日 · 农历十一月三十 · 小寒 · 星期六

日	一	二	三	四	五	六
		1	2	3	4	5
6	7	8	9	10	11	12
13	14	15	16	17	18	19
20	21	22	23	24	25	26
27	28	29	30	31		

1月6日 · 农历十二月初一 · 星期日

要事提醒

二月蓝

Eryuelan

二月蓝又名诸葛菜，十字花科诸葛菜属，一年或二年生草本。因农历二月前后开始开蓝紫色花，故称二月蓝。生长于平原、山地、路旁、地边。对土壤光照等条件要求较低，耐寒旱，生命力顽强。

一月

January

香椿

Xiangchun

香椿又名香椿芽、香桩头、大红椿树、椿天等，为楝科香椿属植物。落叶乔木，雌雄异株，叶呈偶数羽状复叶，圆锥花序，两性花白色，果实是椭圆形蒴果，翅状种子，可以种子繁殖。树体高大，除供椿芽食用外，也是园林绿化的优选树种。古代称香椿为椿，称臭椿为樗。椿芽营养丰富，并具有食疗作用，主治外感风寒、风湿痹痛、胃痛、痢疾等。

1月7日 · 农历十二月初二 · 星期一

日	一	二	三	四	五	六
		1	2	3	4	5
6	7	8	9	10	11	12
13	14	15	16	17	18	19
20	21	22	23	24	25	26
27	28	29	30	31		

1月8日 · 农历十二月初三 · 星期二

1月9日 · 农历十二月初四 · 星期三

1月10日 · 农历十二月初五 · 星期四

要事提醒

一月

January

1月11日 · 农历十二月初六 · 星期五

1月12日 · 农历十二月初七 · 星期六

日	一	二	三	四	五	六
		1	2	3	4	5
6	7	8	9	10	11	12
13	14	15	16	17	18	19
20	21	22	23	24	25	26
27	28	29	30	31		

1月13日 · 农历十二月初八 · 腊八节 · 星期日

要事提醒

月季

Yueji

月季花蔷薇科蔷薇属，被称为花中皇后，又称『月月红』，是常绿、半常绿低矮灌木，四季开花，一般为红色，或粉色、偶有白色和黄色，可作为观赏植物，也可作为药用植物。还可作切花，用于做花束和各种花篮，月季花朵可提取香精，并可入药。

一月

January

鸢尾

Yuanwei

鸢尾，又名蓝蝴蝶、紫蝴蝶、扁竹花等，属百合目鸢尾科鸢尾属，原产于中国中部以及日本，主要分布在中国中南部。可供观赏，花香气淡雅，可以调制香水，其根状茎可作中药，全年可采，具有消炎作用。

1月14日 · 农历十二月初九 · 星期一

日	一	二	三	四	五	六
		1	2	3	4	5
6	7	8	9	10	11	12
13	14	15	16	17	18	19
20	21	22	23	24	25	26
27	28	29	30	31		

1月15日 · 农历十二月初十 · 星期二

1月16日 · 农历十二月十一 · 星期三

1月17日 · 农历十二月十二 · 星期四

要事提醒

一月

January

1月18日 · 农历十二月十三 · 星期五

1月19日 · 农历十二月十四 · 星期六

日	一	二	三	四	五	六
		1	2	3	4	5
6	7	8	9	10	11	12
13	14	15	16	17	18	19
20	21	22	23	24	25	26
27	28	29	30	31		

1月20日 · 农历十二月十五 · 大寒 · 星期日

要事提醒

山茶花 Shanchahua

山茶花，是山茶科山茶属多种植物和园艺品种的通称。花瓣为碗形，分单瓣或重瓣，单瓣山茶花多为原始花种，重瓣茶花的花瓣可多达60片。山茶花的品种极多，是中国传统的观赏花卉，『十大名花』中排名第八，也是世界名贵花木之一。

一月 January

吊竹梅 Diaozhumei

吊竹梅，是鸭跖草科常绿草本植物，茎柔弱质脆，匍匐地面呈蔓性生长。该种因其叶形似竹、叶片美丽，常以盆栽悬挂室内，观赏其四散柔垂的茎叶，故名之吊竹梅。叶片有条纹。原产于热带美洲，常用于栽培观赏。有清热解毒、凉血止血、利尿的功能。

1月21日 · 农历十二月十六 · 星期一

日	一	二	三	四	五	六
		1	2	3	4	5
6	7	8	9	10	11	12
13	14	15	16	17	18	19
20	21	22	23	24	25	26
27	28	29	30	31		

1月22日 · 农历十二月十七 · 星期二

1月23日 · 农历十二月十八 · 星期三

1月24日 · 农历十二月十九 · 星期四

要事提醒

一月

January

1月25日 · 农历十二月二十 · 星期五

1月26日 · 农历十二月二十一 · 星期六

日	一	二	三	四	五	六
		1	2	3	4	5
6	7	8	9	10	11	12
13	14	15	16	17	18	19
20	21	22	23	24	25	26
27	28	29	30	31		

1月27日 · 农历十二月二十二 · 星期日

要事提醒

蜡梅 Lamei

蜡梅，蜡梅科蜡梅属，又称金梅、腊梅、蜡花、黄梅花。先花后叶，芳香，原产我国中部，性喜阳光，但亦略耐阴，较耐寒，耐旱，有『旱不死的蜡梅』之说。对土质要求不严，但以排水良好的轻壤土为宜。蜡梅在百花凋零的隆冬绽蕾，斗寒傲霜，是冬季赏花的理想名贵花木。花芳香美丽，是园林绿化植物。

一月

January

红花羊蹄甲

Honghua yangtijia

红花羊蹄甲，豆科羊蹄甲属，常绿乔木，花红色或红紫色；花大如掌，花瓣与其中四瓣分列两侧，两两相对，而另一瓣则翘首于上方，形如兰花状；花香，有近似兰花的清香，故又被称为『兰花树』。花期十一月至翌年四月。盛开时繁英满树，终年常绿繁茂，颇耐烟尘，特别适于用做行道树。

1月28日 · 农历十二月二十三 · 星期一

日	一	二	三	四	五	六
		1	2	3	4	5
6	7	8	9	10	11	12
13	14	15	16	17	18	19
20	21	22	23	24	25	26
27	28	29	30	31		

1月29日 · 农历十二月二十四 · 星期二

1月30日 · 农历十二月二十五 · 星期

1月31日 · 农历十二月二十六 · 星期四

要事提醒

二月

February

2月1日 · 农历十二月二十七 · 星期五

2月2日 · 农历十二月二十八 · 星期六

日	一	二	三	四	五	六
					1	2
3	4	5	6	7	8	9
10	11	12	13	14	15	16
17	18	19	20	21	22	23
24	25	26	27	28		

2月3日 · 农历十二月二十九 · 星期日

要事提醒

木棉花

Mumianhua

木棉花锦葵科木属，是南方的特色花卉，是广州市、攀枝花市的市花。花掉落后，树下落英纷呈，花不褪色、不萎靡，开得红艳但又不媚俗，它的壮硕的躯干，顶天立地的姿态，英雄般的壮观，被称为『英雄花』。

二月

February

春节

日	一	二	三	四	五	六
					1	2
3	4	5	6	7	8	9
10	11	12	13	14	15	16
17	18	19	20	21	22	23
24	25	26	27	28		

假期见闻

好吃、好玩的写下来、画下来、贴出来……

倒挂金钟

Daogua jinzhong

倒挂金钟，柳叶草科倒挂金钟属，别名灯笼花、吊钟海棠。盆栽适用于客室、花架、案头点缀，用清水插瓶，既可观赏，又可生根繁殖。

二月

February

春节

日	一	二	三	四	五	六
					1	2
3	4	5	6	7	8	9
10	11	12	13	14	15	16
17	18	19	20	21	22	23
24	25	26	27	28		

假期见闻

好吃、好玩的写下来、画下来、贴出来……

春节民俗

春节时，人们会祭祀祖先，除旧迎新，迎喜接福，还会祈求丰收等。

二月
February

生姜
Shengjiang

生姜，是姜科、姜属的多年生草本植物的新鲜根茎，别名有姜根、百辣云、勾装指、因地辛、炎凉小子、鲜生姜、蜜炙姜。姜的根茎（干姜）、栓皮（姜皮）、叶（姜叶）均可入药。生姜在中医药学里具有发散、止呕、止咳等功效。是日常烹饪中最常用到的辅料之一。

2月12日 · 农历正月初八 · 星期二

日	一	二	三	四	五	六
					1	2
3	4	5	6	7	8	9
10	11	12	13	14	15	16
17	18	19	20	21	22	23
24	25	26	27	28		

2 月 13 日 · 农历正月初九 · 星期三

2 月 14 日 · 农历正月初十 · 星期四

2 月 15 日 · 农历正月十一 · 星期五

要事提醒

二月

February

2 月 16 日 · 农历正月十二 · 星期六

日	一	二	三	四	五	六
					1	2
3	4	5	6	7	8	9
10	11	12	13	14	15	16
17	18	19	20	21	22	23
24	25	26	27	28		

要事提醒

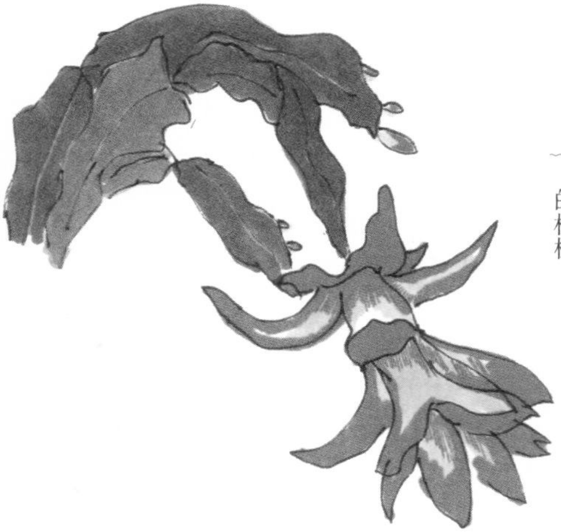

蟹爪兰 Xiezhualan

蟹爪兰，仙人掌科附生肉质植物，因节茎连接形状如螃蟹的副爪，故名蟹爪兰，为观赏植物，常嫁接于量天尺或其他砧木上，以获得长势茂盛的植株。

二月 February

吉娃莲

Jiwalian

吉娃莲，景天科拟石莲花属，别名吉娃娃（因为常与狗名混淆，所以大多数情况只叫吉娃莲），植株小型，无茎的莲座叶盘非常紧凑。卵形叶较厚，带小尖，蓝绿色被浓厚的白粉，叶缘为美丽的深粉红色。花序先端弯曲，钟状，红色。栽培不太困难，夏天不能浇过多的水。叶尖的红色特别美丽，是一种观赏性很强的多肉植物。

2月18日·农历正月十四·星期一

日	一	二	三	四	五	六
					1	2
3	4	5	6	7	8	9
10	11	12	13	14	15	16
17	18	19	20	21	22	23
24	25	26	27	28		

2月19日 · 农历正月十五 · 雨水 · 元宵节 · 星期二

2月20日 · 农历正月十六 · 星期三

2月21日 · 农历正月十七 · 星期四

要事提醒

二月

February

2月22日 · 农历正月十八 · 星期五

2月23日 · 农历正月十九 · 星期六

日	一	二	三	四	五	六
					1	2
3	4	5	6	7	8	9
10	11	12	13	14	15	16
17	18	19	20	21	22	23
24	25	26	27	28		

要事提醒

蓝花丹

Lanhuadan

蓝花丹，白花丹科白花丹属植物，是常绿柔弱半灌木，别名蓝雪花、蓝花矶松、蓝茉莉。穗状花序约含十八至三十枚花；总花梗短；苞片线状狭长卵形，花冠淡蓝色至蓝白色，原产南非南部，已广泛为各国引种作观赏植物。

二月
February

十二卷
Shierjuan

十二卷是阿福花科十二卷属多肉植物的编统称，也是多年生草本植物，原产地为南非，是近年较为流行的小型多肉植物，其品种繁多，形态各异，株形小巧玲珑，清秀典雅，非常适合个人栽培观赏。

2月25日 · 农历正月二十一 · 星期一

日	一	二	三	四	五	六
					1	2
3	4	5	6	7	8	9
10	11	12	13	14	15	16
17	18	19	20	21	22	23
24	25	26	27	28		

2月26日 · 农历正月二十二 · 星期二

2月27日 · 农历正月二十三 · 星期三

2月28日 · 农历正月二十四 · 星期四

要事提醒

三月

March

3月1日 · 农历正月二十五 · 星期五

3月2日 · 农历正月二十六 · 星期六

日	一	二	三	四	五	六
					1	2
3	4	5	6	7	8	9
10	11	12	13	14	15	16
17	18	19	20	21	22	23
24	25	26	27	28	29	30

3月3日 · 农历正月二十七 · 星期日

要事提醒

仙人掌

Xianrenzhang

仙人掌是仙人掌科仙人掌属的一种植物。别名仙巴掌、观音掌、霸王、火掌等。仙人掌为丛生肉质灌木，段型仙人掌类特别适合在居室中落地放置，装饰感很强。

三月
March

桃蛋
Taodan

桃蛋属景天科风车草属。叶片肉质丰满，圆润，带有可爱的淡紫色，粉红色和绿色的色调。叶子表面带有厚厚的粉末覆盖。新长的叶子为粉紫色，随着叶子的变老，会慢慢变绿。生长季节有充足水分时，叶片很饱满圆润，当气温逐渐下降时要适当控水，保持土壤干燥。

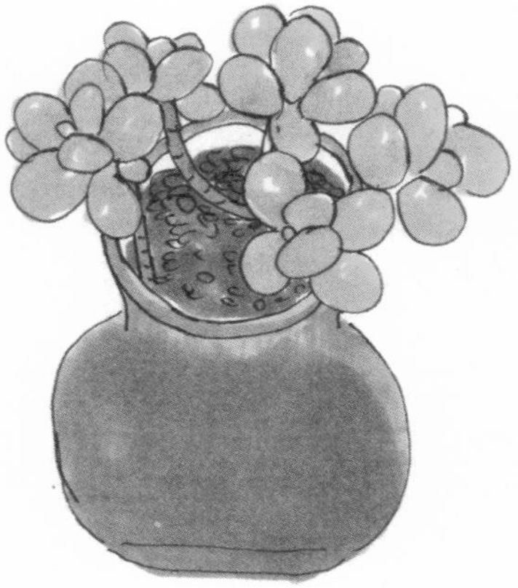

3月4日 · 农历正月二十八 · 星期一

日	一	二	三	四	五	六
					1	2
3	4	5	6	7	8	9
10	11	12	13	14	15	16
17	18	19	20	21	22	23
24	25	26	27	28	29	30

3月5日 · 农历正月二十九 · 星期二

3月6日 · 农历正月三十 · 惊蛰 · 星期三

3月7日 · 农历二月初一 · 星期四

要事提醒

三月

March

3月8日 · 农历二月初二 · 妇女节 · 星期五

3月9日 · 农历二月初三 · 星期六

日	一	二	三	四	五	六
					1	2
3	4	5	6	7	8	9
10	11	12	13	14	15	16
17	18	19	20	21	22	23
24	25	26	27	28	29	30

3月10日 · 农历二月初四 · 星期日

要事提醒

姬胧月

Jilongyue

姬胧月为景天科风车草属多年生草本植物，也为多肉植物，株形和石莲花属极为相似，但本属不是瓶状花或钟状花，而是星状花。花瓣被蜡，叶排成延长的莲座状，被白粉或叶尖有须。叶色朱红带褐色，叶呈瓜子形，叶末较尖，开黄色小花，星状。

三月

March

翡翠珠

Feicuizhu

翡翠珠又称佛珠，属于菊科千里光属多肉的一种，原产于南非。叶肉质，圆球形至纺锤形，叶中心有一条透明纵纹，尾端有微尖状突起。茎悬垂或匍匐土面生长，因此多被当成吊盆植物栽培。

3月11日 · 农历二月初五 · 星期一

日	一	二	三	四	五	六
					1	2
3	4	5	6	7	8	9
10	11	12	13	14	15	16
17	18	19	20	21	22	23
24	25	26	27	28	29	30

3月12日 · 农历二月初六 · 植树节 · 星期二 ☐ ☐ ☐ ☐

3月13日 · 农历二月初七 · 星期三 ☐ ☐ ☐ ☐

3月14日 · 农历二月初八 · 星期四 ☐ ☐ ☐ ☐

要事提醒

三月

March

3月15日 · 农历二月初九 · 消费者权益日 · 星期五

3月16日 · 农历二月初十 · 星期六

日	一	二	三	四	五	六
					1	2
3	4	5	6	7	8	9
10	11	12	13	14	15	16
17	18	19	20	21	22	23
24	25	26	27	28	29	30

3月17日 · 农历二月十一 · 星期日

要事提醒

生石花

Shengshihua

生石花为番杏科生石花属全属植物的总称，约有四十种。多年生肉质草本，几乎无茎；球状叶色彩多变，叶表皮较硬，色彩多变，顶部具有深色树枝状凹陷纹路，或花纹斑点，称作『视窗』。植物顶部有一裂缝，裂缝中开花，花单生，雏菊状，花茎二至三厘米，花白或黄色，具有很高的观赏价值。

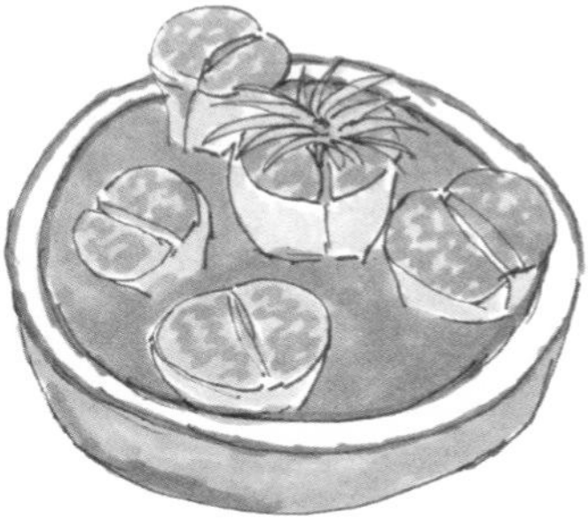

三月

March

迎春花

Yingchunhua

迎春花，木犀科素馨属植物，别名迎春、黄素馨、金腰带，落叶灌木丛生。花单生在去年生的枝条上，先于叶开放，有清香，金黄色，外染红晕，因其在百花之中开花最早，花后即迎来百花齐放的春天而得名。

3月18日 · 农历二月十二 · 星期一

日	一	二	三	四	五	六
					1	2
3	4	5	6	7	8	9
10	11	12	13	14	15	16
17	18	19	20	21	22	23
24	25	26	27	28	29	30

3月19日 · 农历二月十三 · 星期二

3月20日 · 农历二月十四 · 星期三

3月21日 · 农历二月十五 · 春分 · 星期四

要事提醒

三月

March

日	一	二	三	四	五	六
					1	2
3	4	5	6	7	8	9
10	11	12	13	14	15	16
17	18	19	20	21	22	23
24	25	26	27	28	29	30

3月22日 · 农历二月十六 · 星期五

3月23日 · 农历二月十七 · 星期六

3月24日 · 农历二月十八 · 星期日

要事提醒

风信子

Fengxinzi

风信子是百合科风信子属多年草本球根类植物，鳞茎卵形，有膜质外皮，皮膜颜色与花色成正相关，未开花时形如大蒜，原产地中海沿岸及小亚细亚一带，是研究发现的会开花的植物中最香的一个种。喜阳光充足和比较湿润的生长环境，要求排水良好和肥沃的沙壤土等。

三月
March

水仙花
Shuixianhua

水仙又名中国水仙，是多花水仙的一个变种。是石蒜科水仙属多年生草本植物。水仙的叶由鳞茎顶端绿白色筒状鞘中抽出花茎（俗称箭）再由叶片中抽出。一般每个鳞茎可抽花茎一至二枝，多者可达八至十一枝，伞状花序。花瓣多为六片，花瓣末处呈鹅黄色。性喜温暖、湿润、排水良好。为传统观赏花卉，是中国十大名花之一。

🕐 3月25日 · 农历二月十九 · 星期一   ☀ ☐ ☁ ☐ ☂ ☐ ☃ ☐

日	一	二	三	四	五	六
					1	2
3	4	5	6	7	8	9
10	11	12	13	14	15	16
17	18	19	20	21	22	23
24	25	26	27	28	29	30

3月26日 · 农历二月二十 · 星期二

3月27日 · 农历二月二十一 · 星期三

3月28日 · 农历二月二十二 · 星期四

要事提醒

三月

March

3月29日 · 农历二月二十三 · 星期五

3月30日 · 农历二月二十四 · 星期六

日	一	二	三	四	五	六
					1	2
3	4	5	6	7	8	9
10	11	12	13	14	15	16
17	18	19	20	21	22	23
24	25	26	27	28	29	30

3月31日 · 农历二月二十五 · 星期日

要事提醒

杜鹃花

Dujuanhua

杜鹃花又名映山红、山石榴，为常绿或平常绿灌木。相传，古有杜鹃鸟，日夜哀鸣而咯血，染红遍山的花朵，因而得名。杜鹃花一般春季开花，为著名的花卉植物，具有较高的观赏价值，在世界各公园中均有栽培。

四月

April

芍药

Shaoyao

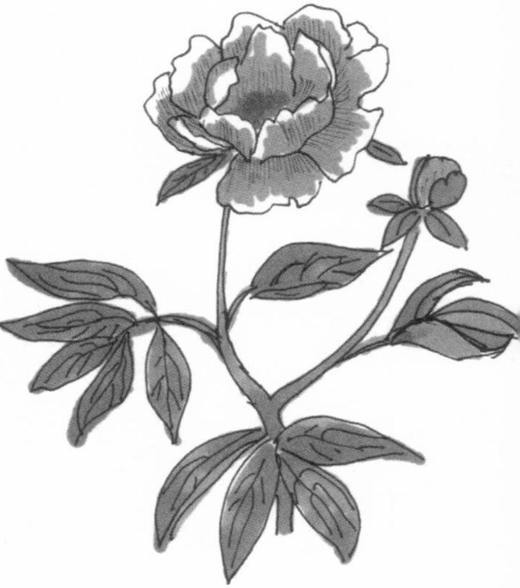

芍药，别名别离草、花中宰相，属芍药科芍药属多年生草本。原种花白色，园艺品种花色丰富，有白、粉、红、紫、黄、绿、复色等，花瓣可达上百枚。果实呈纺锤形，种子呈圆形、长圆形或尖圆形。虽没有牡丹雍容华贵，但却也小家碧玉，娇俏可人。

4月1日 · 农历二月二十六 · 愚人节 · 星期一

日	一	二	三	四	五	六
31	1	2	3	4	5	6
7	8	9	10	11	12	13
14	15	16	17	18	19	20
21	22	23	24	25	26	27
28	29	30				

🕐 4月2日 · 农历二月二十七 · 星期二　　　☀️☐ ⛅☐　☂☐ ☁☐

🕐 4月3日 · 农历二月二十八 · 星期三　　　☀️☐ ⛅☐　☂☐ ☁☐

🕐 4月4日 · 农历二月二十九 · 星期四　　　☀️☐ ⛅☐　☂☐ ☁☐

💡 要事提醒

四月

April

4月5日 · 农历三月初一 · 清明 · 星期五

4月6日 · 农历三月初二 · 星期六

日	一	二	三	四	五	六
31	1	2	3	4	5	6
7	8	9	10	11	12	13
14	15	16	17	18	19	20
21	22	23	24	25	26	27
28	29	30				

4月7日 · 农历三月初三 · 星期日

要事提醒

鲁冰花

Lubinghua

鲁冰花为豆科，羽扇豆属又叫羽扇豆，花期三至五和很多豆科植物一样，鲁冰花生有根瘤，能够把空气中的氮固定到土壤中；它的种子富含养分，特别是蛋白质含量高。台湾山地的茶农在种植茶树时会在茶树植株的附近种上『鲁冰花』充作绿肥。鲁冰花花型美丽，还可供庭园观赏。

四月

April

桃花

Taohua

桃花，即桃树盛开的花朵，属蔷薇科植物。其花语及代表意义为『爱情的俘虏』。桃花是最被大众喜欢的花卉之一，是中国传统的园林花木，其树形优美，枝干扶疏，花朵丰腴，色彩艳丽，为早春重要观花树种之一。

4月8日 · 农历三月初四 · 星期一

日	一	二	三	四	五	六
31	1	2	3	4	5	6
7	8	9	10	11	12	13
14	15	16	17	18	19	20
21	22	23	24	25	26	27
28	29	30				

4月9日 · 农历三月初五 · 星期二

4月10日 · 农历三月初六 · 星期三

4月11日 · 农历三月初七 · 星期四

要事提醒

四月

April

4 月 12 日 · 农历三月初八 · 星期五

4 月 13 日 · 农历三月初九 · 星期六

日	一	二	三	四	五	六
31	**1**	**2**	**3**	**4**	**5**	6
7	**8**	**9**	**10**	**11**	**12**	13
14	**15**	**16**	**17**	**18**	**19**	20
21	**22**	**23**	**24**	**25**	**26**	27
28	**29**	**30**				

要事提醒

龙胆花

Longdanhua

龙胆花为龙胆或三花龙胆等植物的花。龙胆多产于西南高山地区，北京周边、祁连山区只有少数几种。花单生茎顶，广漏斗形，花色大多为深蓝色。

四月 April

三色堇 Sansejin

三色堇，是堇菜科堇菜属的二年或多年生草本植物。三色堇是欧洲常见的野花物种，也常栽培于公园中，是冰岛、波兰的国花。每花通常有紫、白、黄三色，故名三色堇。该物种较耐寒，喜凉爽，开花受光照影响较大。三色堇以露天栽种为宜，无论花坛、庭园、盆栽皆适合，但不适合室内种植。

4 月 15 日 · 农历三月十一 · 星期一

日	一	二	三	四	五	六
31	1	2	3	4	5	6
7	8	9	10	11	12	13
14	15	16	17	18	19	20
21	22	23	24	25	26	27
28	29	30				

4 月 16 日 · 农历三月十二 · 星期二

4 月 17 日 · 农历三月十三 · 星期三

4 月 18 日 · 农历三月十四 · 星期四

要事提醒

四月

April

4月19日 · 农历三月十五 · 星期五

4月20日 · 农历三月十六 · 谷雨 · 星期六

日	一	二	三	四	五	六
31	1	2	3	4	5	6
7	8	9	10	11	12	13
14	15	16	17	18	19	20
21	22	23	24	25	26	27
28	29	30				

4月21日 · 农历三月十七 · 星期日

要事提醒

丁香花

Dingxianghua

丁香花为木犀科丁香属，该属植物是落叶灌木或小乔木；大部分供观赏用，枝叶繁茂，花色淡雅而清香，故庭园广为栽培供观赏，为庭园中之珍品。有些种类的花可提炼芳香油，亦为蜜源植物，木材供建筑和家具用。

四月 April

春兰 Cunlan

春兰是兰科兰属地生植物的统称。又名朵兰、扑地兰、幽兰、朵朵香、草兰，是中国兰花中栽培历史最为悠久、人们最为喜欢的种类之一。花色以绿色、淡褐黄色居多，花幽香。花期一至三月。生于多石山坡、林缘、林中透光处。广义的春兰还包括豆瓣兰、莲瓣兰、春剑，植株花朵各有特色。

4月22日 · 农历三月十六 · 地球日 · 星期一

日	一	二	三	四	五	六
31	1	2	3	4	5	6
7	8	9	10	11	12	13
14	15	16	17	18	19	20
21	22	23	24	25	26	27
28	29	30				

4 月 23 日 · 农历三月十七 · 星期二

4 月 24 日 · 农历三月十八 · 星期三

4 月 25 日 · 农历三月十九 · 星期四

要事提醒

四月

April

4月26日 · 农历三月二十二 · 星期五

4月27日 · 农历三月二十三 · 星期六

日	一	二	三	四	五	六
31	**1**	**2**	**3**	**4**	**5**	6
7	**8**	**9**	**10**	**11**	**12**	13
14	**15**	**16**	**17**	**18**	**19**	20
21	**22**	**23**	**24**	**25**	**26**	27
28	**29**	**30**				

4月28日 · 农历三月二十四 · 星期日

要事提醒

萱草
Xuancao

萱草为百合科萱草属，属多年生宿根草本。别名众多，有金针、黄花菜、忘忧草、宜男草、疗愁、鹿箭等名，地下茎有微量的毒，不可直接食用。花色橙黄、花柄很长，为像百合花一样的筒状。

四月

April

蔷薇

Qiangwei

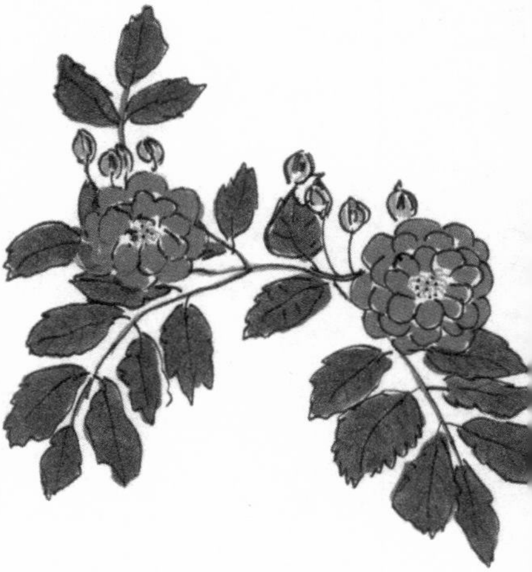

蔷薇，是蔷薇科蔷薇属部分植物的通称，色泽鲜艳，气味芳香，是香色并具的观赏花。枝干成半攀缘状，可依架攀附成各种形态，宜布置于花架、花格、辕门、花墙等处，夏日花繁叶茂，特别好看，也可控制成小灌木状，培育作盆花。有些品种还可培育作切花。

4月29日 · 农历三月二十五 · 星期一

日	一	二	三	四	五	六
31	1	2	3	4	5	6
7	8	9	10	11	12	13
14	15	16	17	18	19	20
21	22	23	24	25	26	27
28	29	30				

4月30日 · 农历三月二十六 · 星期二

5月1日 · 农历三月二十七 · 劳动节 · 星期三

5月2日 · 农历三月二十八 · 星期四

要事提醒

五月
May

5月3日 · 农历三月二十九 · 星期五

5月4日 · 农历三月三十 · 五四青年节 · 星期六

日	一	二	三	四	五	六
			1	2	3	4
5	6	7	8	9	10	11
12	13	14	15	16	17	18
19	20	21	22	23	24	25
26	27	28	29	30	31	

5月5日 · 农历四月初一 · 星期日

要事提醒

紫藤

Ziteng

紫藤，别名藤萝、朱藤、黄环。属豆科紫藤属，一种落叶攀援缠绕性藤本植物。干皮深灰色，不裂；春季开花，青紫色蝶形花冠，花紫色或深紫色，十分美丽。

五月

May

迷迭香

Midiexiang

迷迭香，唇形科迷迭香属灌木。性喜温暖气候，原产欧洲地区和非洲北部地中海沿岸。远在曹魏时期就曾引种中国。现西餐中常用其作香料。

5月6日 · 农历四月初二 · 立夏 · 星期一

日	一	二	三	四	五	六
			1	2	3	4
5	6	7	8	9	10	11
12	13	14	15	16	17	18
19	20	21	22	23	24	25
26	27	28	29	30	31	

5月7日 · 农历四月初三 · 星期二

5月8日 · 农历四月初四 · 星期三

5月9日 · 农历四月初五 · 星期四

要事提醒

五月

May

5月10日 · 农历四月初六 · 星期五

5月11日 · 农历四月初七 · 星期六

日	一	二	三	四	五	六
			1	2	3	4
5	6	7	8	9	10	11
12	13	14	15	16	17	18
19	20	21	22	23	24	25
26	27	28	29	30	31	

要事提醒

欧芹

Ouqin

欧芹，别名法香、香芹、法国香菜、洋芫荽、荷兰芹、旱芹菜、番荽。为伞形花科欧芹属一至二年生草本植物。欧芹原产地中海沿岸，欧美及日本栽培较为普遍。香芹含有大量的铁、维生素A和维生素C，是一种香辛叶菜类，西餐中用应较多，多作冷盘或菜肴上的装饰，也可作香辛调料，还可供生食。

五月

May

紫茉莉

Zimoli

紫茉莉，紫茉莉科紫茉莉属草本植物，高可达1米。花被紫红色、黄色、白色或杂色，其种子呈卵圆形、黑色、表面斑纹褶皱，外形像个小地雷，所以俗称地雷花。很多小孩都有儿时将地雷花种子当作玩具来回扔的经历。

5月13日 · 农历四月初九 · 星期一

日	一	二	三	四	五	六
			1	2	3	4
5	6	7	8	9	10	11
12	13	14	15	16	17	18
19	20	21	22	23	24	25
26	27	28	29	30	31	

5月14日 · 农历四月初十 · 星期二

5月15日 · 农历四月十一 · 星期三

5月16日 · 农历四月十二 · 星期四

要事提醒

五月

May

5 月 17 日 · 农历四月十三 · 星期五

5 月 18 日 · 农历四月十四 · 博物馆日 · 星期六

日	一	二	三	四	五	六
			1	2	3	4
5	6	7	8	9	10	11
12	13	14	15	16	17	18
19	20	21	22	23	24	25
26	27	28	29	30	31	

5月19日 · 农历四月十五 · 星期日

要事提醒

薄荷 Bohe

薄荷，土名叫『银丹草』，为唇形科薄荷属植物，全株青气芳香。叶对生，花小淡紫色，唇形，花后结暗紫棕色的小粒果。薄荷是中华常用中药之一。它是辛凉性发汗解热药，外用可治神经痛、皮肤瘙痒、皮疹和湿疹等。平常以薄荷代茶，可清心明目。

五月

May

罗勒

Luole

罗勒为唇形科罗勒属药食两用芳香植物，味似茴香，全株小巧，叶色翠绿，花色鲜艳，芳香四溢。原生于亚洲热带地区，对寒冷非常敏感，在热和干燥的环境下生长得最好。具有强大、刺激的香味，可供食用。

5月20日 · 农历四月十六 · 星期一

日	一	二	三	四	五	六
			1	2	3	4
5	6	7	8	9	10	11
12	13	14	15	16	17	18
19	20	21	22	23	24	25
26	27	28	29	30	31	

5月21日 · 农历四月十七 · 小满 · 星期二

5月22日 · 农历四月十八 · 星期三

5月23日 · 农历四月十九 · 星期四

要事提醒

五月

May

5月24日 · 农历四月二十 · 星期五

5月25日 · 农历四月二十一 · 星期六

日	一	二	三	四	五	六
			1	2	3	4
5	6	7	8	9	10	11
12	13	14	15	16	17	18
19	20	21	22	23	24	25
26	27	28	29	30	31	

5月26日 · 农历四月二十二 · 星期日

要事提醒

香葱

Xiangcong

香葱，又称葱、细香葱、北葱、火葱。为百合科葱属植物，鳞茎聚生，味清香，微辣，主要用于调味和去腥。

五月
May

紫苏 Zisu

紫苏，别名桂荏、白苏、赤苏等，为唇形科紫苏属一年生草本植物。具有特异的芳香，叶片多皱缩卷曲，完整者展平后呈卵圆形，嫩枝紫绿色，断面中部有髓，气清香，味微辛。常用作香料，可用于烹饪鱼类或者海鲜。

5月27日 · 农历四月二十三 · 星期一

日	一	二	三	四	五	六
			1	2	3	4
5	6	7	8	9	10	11
12	13	14	15	16	17	18
19	20	21	22	23	24	25
26	27	28	29	30	31	

5月28日 · 农历四月二十四 · 星期二

5月29日 · 农历四月二十五 · 星期三

5月30日 · 农历四月二十六 · 星期四

要事提醒

六月

June

5月31日 · 农历四月二十七 · 星期五

6月1日 · 农历四月二十八 · 儿童节 · 星期六

日	一	二	三	四	五	六
						1
2	3	4	5	6	7	8
9	10	11	12	13	14	15
16	17	18	19	20	21	22
23	24	25	26	27	28	29

6月2日 · 农历四月二十九 · 星期日

要事提醒

百合 Baihe

百合，又名强蜀、番韭、山丹、倒仙、重迈、中庭、摩罗、重箱、中逢花、百合蒜、大师傅蒜、蒜脑薯、夜合花等，是百合科百合属多年生球根植物，原产于中国，鳞茎含丰富淀粉，可食，亦可作药用。

六月

June

牵牛花

Qianniuhua

牵牛，属旋花科牵牛属，一年生缠绕草本，花近似喇叭状，因此有些地方叫它做喇叭花。花的颜色有蓝、绯红、桃红、紫等，亦有混色的，花瓣边缘的变化较多，是常见的观赏植物。果实卵球形，可以入药，花期以夏季最盛。种子具有药用价值。

6月3日 · 农历五月初一 · 星期一

日	一	二	三	四	五	六
						1
2	3	4	5	6	7	8
9	10	11	12	13	14	15
16	17	18	19	20	21	22
23	24	25	26	27	28	29

6月4日 · 农历五月初二 · 星期二

6月5日 · 农历五月初三 · 环境日 · 星期三

6月6日 · 农历五月初四 · 芒种 · 星期四

要事提醒

六月

June

6月7日 · 农历五月初五 · 端午节 · 星期五

6月8日 · 农历五月初六 · 星期六

日	一	二	三	四	五	六
						1
2	3	4	5	6	7	8
9	10	11	12	13	14	15
16	17	18	19	20	21	22
23	24	25	26	27	28	29

6月9日·农历五月初七·星期日

要事提醒

郁金香

Yujinxiang

郁金香是百合科郁金香属的多年生草本植物，具球茎。郁金香被广泛认为原产于土耳其，是土耳其、荷兰、匈牙利等国的国花。花单朵顶生，大而艳丽，花为红色或杂有白色和黄色，多为白色或黄色。花色还有深紫色接近黑色的，为珍贵品种。

六月 June

铁线莲

Tiexianlian

铁线莲别名铁线牡丹、番莲、金包银、山木通、威灵仙，为毛茛科铁线莲属植物。多数为落叶或常绿草质藤本，享有『藤本花卉皇后』之美称。花有芳香气味，铁线莲可作展览用切花，可用于攀缘常绿或落叶乔灌木上。

6月10日 · 农历五月初八 · 星期一

日	一	二	三	四	五	六
						1
2	3	4	5	6	7	8
9	10	11	12	13	14	15
16	17	18	19	20	21	22
23	24	25	26	27	28	29

6月11日 · 农历五月初九 · 星期二

6月12日 · 农历五月初十 · 星期三

6月13日 · 农历五月十一 · 星期四

要事提醒

六月
June

6月14日 · 农历五月十二 · 星期五

6月15日 · 农历五月十三 · 星期六

日	一	二	三	四	五	六
						1
2	3	4	5	6	7	8
9	10	11	12	13	14	15
16	17	18	19	20	21	22
23	24	25	26	27	28	29

6月16日 · 农历五月十四 · 父亲节 · 星期日

要事提醒

康乃馨

Kangnaixin

康乃馨，石竹科石竹属，原名香石竹，又名狮头石竹、麝香石竹、大花石竹，花常单生枝端，有香气，花色为粉红、紫红或白色，在每年5月的第二个星期日是母亲节，康乃馨之于母亲节，就像玫瑰之于情人节一样深入人心。在母亲节这一天，人们会送母亲康乃馨以感谢亲恩。

六月 June

酢浆草

Zuojiangcao

酢浆草又名三叶草，多年生草本植物，全体有疏柔毛，茎匍匐或斜生，多分枝。叶互生，掌状复叶有三小叶，倒心形，小叶无柄。花大多为黄色，培育为园艺品种后也逐渐被大家喜欢，花色也开始丰富多彩了。

6月17日 · 农历五月十五 · 星期一

日	一	二	三	四	五	六
						1
2	3	4	5	6	7	8
9	10	11	12	13	14	15
16	17	18	19	20	21	22
23	24	25	26	27	28	29

6月18日 · 农历五月十六 · 星期二

6月19日 · 农历五月十七 · 星期三

6月20日 · 农历五月十八 · 星期四

要事提醒

六月

June

6月21日 · 农历五月十九 · 夏至 · 星期五

6月22日 · 农历五月二十 · 星期六

日	一	二	三	四	五	六
						1
2	3	4	5	6	7	8
9	10	11	12	13	14	15
16	17	18	19	20	21	22
23	24	25	26	27	28	29

6月23日 · 农历五月二十一 · 奥林匹克日 · 星期日

要事提醒

马蹄莲

Matilian

马蹄莲为天南星科马蹄莲属植物，在欧美国家是新娘捧花的常用花。马蹄莲挺秀雅致，花苞洁白，宛如马蹄，叶片翠绿，缀以白斑，可谓花叶两绝。清秀的马蹄莲花，是素洁、纯真、朴实的象征。是目前国际花卉市场上重要的切花种类之一。

六月

June

栀子花

Zhizihua

栀子花，又名栀子、黄栀子。属茜草科栀子属，为常绿灌木，枝叶繁茂，通常说的栀子花指观赏用重瓣的变种大花栀子。叶革质呈长椭圆形，有光泽。花腋生，有短梗，为重要的庭院观赏植物，是优良的芳香花卉。

6月24日 · 农历五月二十二 · 星期一

日	一	二	三	四	五	六
						1
2	3	4	5	6	7	8
9	10	11	12	13	14	15
16	17	18	19	20	21	22
23	24	25	26	27	28	29

6月25日 · 农历五月二十三 · 星期二

6月26日 · 农历五月二十四 · 星期三

6月27日 · 农历五月二十五 · 星期四

要事提醒

六月
June

日	一	二	三	四	五	六
						1
2	3	4	5	6	7	8
9	10	11	12	13	14	15
16	17	18	19	20	21	22
23	24	25	26	27	28	29

6月28日 · 农历五月二十六 · 星期五

6月29日 · 农历五月二十七 · 星期六

6月30日 · 农历五月二十八 · 星期日

要事提醒

睡莲

Shuilian

睡莲属睡莲科睡莲属，多年生水生草本，根状茎肥厚。叶浮生于水面，全缘，叶基心形，叶表面浓绿，背面暗紫；花大形、美丽，浮在或高出水面，白天开花夜间闭合；萼片近离生；花瓣白色、蓝色、黄色或粉红色，极具观赏性。

七月

July

荷花

Hehua

荷花又名莲花、水芙蓉等。是睡莲科莲属多年生水生草本花卉。其出污泥而不染之品格恒为世人称颂。『接天莲叶无穷碧，映日荷花别样红』就是对荷花之美的真实写照。荷花『中通外直，不蔓不枝，出淤泥而不染，濯清涟而不妖』的高尚品格，历来是古往今来文人墨客歌咏绘画的题材之一。荷花还被评为中国十大名花之一。

7月1日 · 农历五月二十九 · 建党节 · 星期一

日	一	二	三	四	五	六
30	1	2	3	4	5	6
7	8	9	10	11	12	13
14	15	16	17	18	19	20
21	22	23	24	25	26	27
28	29	30	31			

7月2日 · 农历五月三十 · 星期二

7月3日 · 农历六月初一 · 星期三

7月4日 · 农历六月初二 · 星期四

要事提醒

七月

July

日	一	二	三	四	五	六
30	1	2	3	4	5	6
7	8	9	10	11	12	13
14	15	16	17	18	19	20
21	22	23	24	25	26	27
28	29	30	31			

7月5日 · 农历六月初三 · 星期五

7月6日 · 农历六月初四 · 星期六

7月7日 · 农历六月初五 · 小暑 · 星期日

要事提醒

石榴花

Shiliuhua

石榴花属石榴科石榴属，花萼钟形，肉质，先端六裂，表面光滑具腊质，橙红色，宿存。花瓣五至七枚花色为红色或白色，单瓣或重瓣。花朵鲜艳美丽，其花语为：成熟的美丽、富贵和子孙满堂。

七月

July

紫薇

Ziwei

紫薇属千屈菜科紫薇属，别名痒痒花、痒痒树、紫金花、紫兰花、蚊子花、西洋水杨梅、百日红、无皮树。树皮平滑，灰色或灰褐色；紫薇树姿优美，树干光滑洁净，花色艳丽；开花时正当夏秋少花季节，花期长，故有『百日红』之称，又有『盛夏绿遮眼，此花红满堂』的赞语，是观花、观干、观根的盆景良材，根、皮、叶、花皆可入药。

7月8日 · 农历六月初六 · 星期一

日	一	二	三	四	五	六
30	1	2	3	4	5	6
7	8	9	10	11	12	13
14	15	16	17	18	19	20
21	22	23	24	25	26	27
28	29	30	31			

7月9日 · 农历六月初七 · 星期二

7月10日 · 农历六月初八 · 星期三

7月11日 · 农历六月初九 · 星期四

要事提醒

七月

July

日	一	二	三	四	五	六
30	1	2	3	4	5	6
7	8	9	10	11	12	13
14	15	16	17	18	19	20
21	22	23	24	25	26	27
28	29	30	31			

7 月 12 日 · 农历六月初十 · 星期五

7 月 13 日 · 农历六月十一 · 星期六

7月14日 · 农历六月十二 · 星期日

要事提醒

茉莉花

Molihua

茉莉花，木犀科素馨属直立或攀援灌木，茉莉的花极香，为著名的花茶原料及重要的香精原料，花、叶药用，可治目赤肿痛，并有止咳化痰之效。

七月 July

美人蕉

Meirenjiao

美人蕉为美人蕉科美人蕉属，多年生草本植物，是亚热带和热带常用的观花植物。喜温暖和充足的阳光，不耐寒。对土壤要求不严，在疏松肥沃、排水良好的沙壤土中生长最佳，也适应于肥沃黏质土壤中生长。

7月15日 · 农历六月十三 · 星期一

日	一	二	三	四	五	六
30	1	2	3	4	5	6
7	8	9	10	11	12	13
14	15	16	17	18	19	20
21	22	23	24	25	26	27
28	29	30	31			

7月16日 · 农历六月十四 · 星期二

7月17日 · 农历六月十五 · 星期三

7月18日 · 农历六月十六 · 星期四

要事提醒

七月
July

7月19日 · 农历六月十七 · 星期五

7月20日 · 农历六月十八 · 星期六

日	一	二	三	四	五	六
30	1	2	3	4	5	6
7	8	9	10	11	12	13
14	15	16	17	18	19	20
21	22	23	24	25	26	27
28	29	30	31			

7月21日 · 农历六月十九 · 星期日

要事提醒

向日葵

Xiangrikui

向日葵，是菊科向日葵属的一年生草本植物。夏季开花，花序边缘生中性的黄色舌状花，不结实。花序中部为两性管状花，棕色或紫色，能结实。矩卵形瘦果，果皮木质化，灰色或黑色条纹，称葵花子。

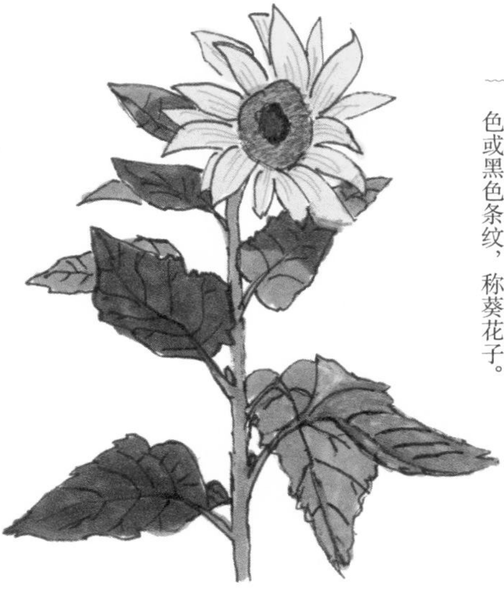

七月 July

铃兰 Linglan

铃兰属百合科铃兰属，植株矮小，幽雅清丽，芳香宜人，是一种优良的盆栽观赏植物，通常用于花坛花境，亦可作地被植物，其叶常被利用做插花材料。有乳白、粉红和斑叶等品种。入秋时红果娇艳，十分诱人。

7月22日 · 农历六月二十 · 星期一

日	一	二	三	四	五	六
30	1	2	3	4	5	6
7	8	9	10	11	12	13
14	15	16	17	18	19	20
21	22	23	24	25	26	27
28	29	30	31			

7月23日 · 大暑 · 星期二

7月24日 · 农历六月二十二 · 星期三

7月25日 · 农历六月二十三 · 星期四

要事提醒

七月

July

7月26日 · 农历六月二十四 · 星期五

7月27日 · 农历六月二十五 · 星期六

日	一	二	三	四	五	六
30	1	2	3	4	5	6
7	8	9	10	11	12	13
14	15	16	17	18	19	20
21	22	23	24	25	26	27
28	29	30	31			

要事提醒

石竹

Shizhu

石竹花因其茎具节，膨大似竹，故名石竹。石竹花又称洛阳花、石柱花，是石竹科石竹属的多年生草本植物，是我国传统名花之一。石竹花种类较多，花色鲜艳，花期也长，盛开时五颜六色，绚丽多彩。

七月 July

贝母 Beimu

贝母为百合科贝母属多年生草本，地下部分为鳞片组成的球茎。茎直立，高约 50 厘米，叶宽线形，先端细窄，有时会呈藤蔓状缠绕，三至四枚轮生。四至五月时，会从上面部分的叶子两侧垂下吊钟形淡黄色花。

7 月 29 日 · 农历六月二十七 · 星期一

日	一	二	三	四	五	六
30	1	2	3	4	5	6
7	8	9	10	11	12	13
14	15	16	17	18	19	20
21	22	23	24	25	26	27
28	29	30	31			

🕐 7 月 30 日 · 农历六月二十八 · 星期二　　☀️ ☐ ⛅ ☐ 🌧️ ☐ ⛈️ ☐

🕐 7 月 31 日 · 农历六月二十九 · 星期三　　☀️ ☐ ⛅ ☐ 🌧️ ☐ ⛈️ ☐

🕐 8 月 1 日 · 农历六月三十 · 建军节 · 星期四　☀️ ☐ ⛅ ☐ 🌧️ ☐ ⛈️ ☐

要事提醒

八月

August

8月2日 · 农历七月初二 · 星期五

8月3日 · 农历七月初三 · 星期六

日	一	二	三	四	五	六
				1	2	3
4	5	6	7	8	9	10
11	12	13	14	15	16	17
18	19	20	21	22	23	24
25	26	27	28	29	30	31

8月4日 · 农历七月初四 · 星期日

要事提醒

炮仗花 Paozhanghua

炮仗花，别名黄鳝藤，紫葳科炮仗藤属藤本，花期长，原产南美洲巴西，在热带亚洲已广泛作为庭园观赏藤架植物栽培。多植于庭院建筑物的四周，攀援于凉棚上，初夏红橙色的花朵累累成串，状如鞭炮，故有炮仗花之称。

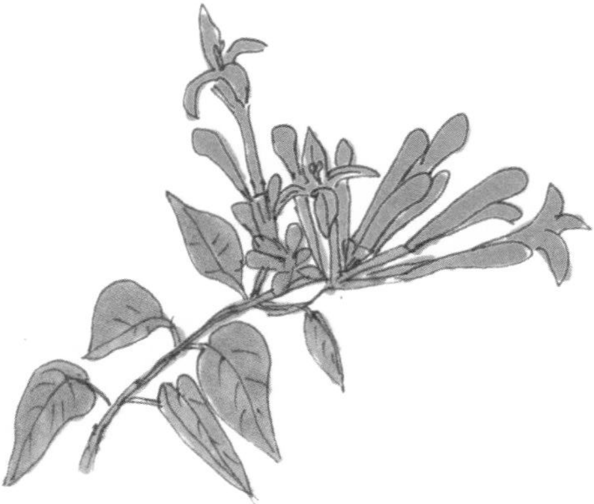

八月 August

球兰 Qiulan

球兰别名马骝解、狗舌藤、铁脚板等，夹竹桃科球兰属多年生植物。攀援灌木，附生于树上或石上，茎节上生气根。茎肉质，长达七米，节间有气根，攀附力较强。叶对生，厚肉质，全缘，叶脉不明显，近似蜡质，丰厚肥润，给人以充实富裕之感。

8月5日 · 农历七月初五 · 星期一

日	一	二	三	四	五	六
				1	2	3
4	5	6	7	8	9	10
11	12	13	14	15	16	17
18	19	20	21	22	23	24
25	26	27	28	29	30	31

8月6日 · 农历七月初六 · 星期二

8月7日 · 农历七月初七 · 七夕节 · 星期三

8月8日 · 农历七月初八 · 立秋 · 星期四

要事提醒

八月

August

8月9日 · 农历七月初九 · 星期五

8月10日 · 农历七月初十 · 星期六

日	一	二	三	四	五	六
				1	2	3
4	5	6	7	8	9	10
11	12	13	14	15	16	17
18	19	20	21	22	23	24
25	26	27	28	29	30	31

8月11日 · 农历七月十一 · 星期日

要事提醒

地黄 Dihuang

地黄，玄参科地黄属多年生草本植物，在栽培条件下，茎紫红色。直径可达5.5厘米，叶片卵形至长椭圆形，叶脉在上面凹陷，花在茎顶部略排列成总状花序，花冠外紫红色，内黄紫色，地黄初夏开花，花大数朵，花色为淡红紫色，具有较好的观赏性。

八月 August

黄角兰

Huangjiaolan

黄角兰，又叫黄桷兰（四川省宜宾市市花）、黄果兰、木兰白兰花或缅桂，属木兰科含笑属。花苞香气很浓烈，且留香时间长，南方人有挂黄角兰花苞在胸前的习俗。

8月12日 · 农历七月十二 · 星期一

日	一	二	三	四	五	六
				1	2	3
4	5	6	7	8	9	10
11	12	13	14	15	16	17
18	19	20	21	22	23	24
25	26	27	28	29	30	31

8月13日 · 农历七月十三 · 星期二

8月14日 · 农历七月十四 · 星期三

8月15日 · 农历七月十五 · 中元节 · 星期四

要事提醒

八月

August

8月16日 · 农历七月十六 · 星期五

8月17日 · 农历七月十七 · 星期六

日	一	二	三	四	五	六
				1	2	3
4	5	6	7	8	9	10
11	12	13	14	15	16	17
18	19	20	21	22	23	24
25	26	27	28	29	30	31

8 月 18 日 · 农历七月十八 · 星期日

要事提醒

六倍利

Liubeili

六倍利为桔梗科半边莲属下的一个种，又名山梗菜，多年生草本植物，一年生栽培，半蔓性，铺散于地面上，总状花序顶生，小花有长柄。一般做花坛、花境边缘用，同时还有一定的药用价值。

八月

August

百里香

Bailixiang

百里香唇形科百里香属半灌木，叶为卵圆形，花序头状，花萼管状钟形或狭钟形，花冠紫红、紫或淡紫、粉红色，花期七至八月，小坚果近圆形或卵圆形。可作为食材，欧洲烹饪常用香料，味道辛香，用来加在炖肉、蛋或汤中。

8月19日 · 农历七月十九 · 星期一

日	一	二	三	四	五	六
				1	2	3
4	5	6	7	8	9	10
11	12	13	14	15	16	17
18	19	20	21	22	23	24
25	26	27	28	29	30	31

8月20日 · 农历七月二十 · 星期二

8月21日 · 农历七月二十一 · 星期三

8月22日 · 农历七月二十二 · 星期四

要事提醒

八月

August

8月23日 · 农历七月二十三 · 处暑 · 星期五

8月24日 · 农历七月二十四 · 星期六

日	一	二	三	四	五	六
				1	2	3
4	5	6	7	8	9	10
11	12	13	14	15	16	17
18	19	20	21	22	23	24
25	26	27	28	29	30	31

8月25日·农历七月二十五·星期日

要事提醒

胡椒 Hujiao

胡椒属胡椒科胡椒属，又名昧履支、披垒、坡洼热等，木质攀援藤本；茎、枝无毛，节显著膨大，常生小根；花杂性，通常雌雄同株；浆果球形，无柄；花期六至十月。它的种子含有挥发油、胡椒碱、粗脂肪、粗蛋白等。是非常常用的调味料。

八月

August

花椒

Huajiao

花椒是芸香科花椒属落叶小乔木，高可达七米；茎干上长有刺，枝有短刺，当年生枝被短柔毛。果皮可作为调味料，并可提取芳香油，又可入药，种子可食用，也可加工制作肥皂。花椒用作中药，有温中行气、逐寒、止痛、杀虫等功效

8月26日 · 农历七月二十六 · 星期一

日	一	二	三	四	五	六
				1	2	3
4	5	6	7	8	9	10
11	12	13	14	15	16	17
18	19	20	21	22	23	24
25	26	27	28	29	30	31

8月27日 · 农历七月二十七 · 星期二

8月28日 · 农历七月二十八 · 星期三

8月29日 · 农历七月二十九 · 星期四

要事提醒

八月

August

8月30日 · 农历八月初一 · 星期五

8月31日 · 农历八月初二 · 星期六

日	一	二	三	四	五	六
				1	2	3
4	5	6	7	8	9	10
11	12	13	14	15	16	17
18	19	20	21	22	23	24
25	26	27	28	29	30	31

9月1日 · 农历八月初三 · 星期日

要事提醒

马缨丹

Mayingdan

马缨丹，属于马鞭草科马缨丹属，直立或蔓性常绿灌木，又叫五色梅、臭草。中国广东、海南、福建、台湾、广西等地均有栽培，每年五至九月开花，可长年种植室外，为常见的庭园栽培观赏植物，在北方则为盆栽观赏花木。同时具有清凉解热，活血止血的药用价值。但是马缨丹叶及未成熟果实具有毒性，人畜误食会中毒。

九月
September

绣球花
Xiuqiuhua

绣球花，又名八仙花、紫阳花、七变花、粉团花、洋绣球等，原产于中国四川一带及日本。为虎耳草科绣球属，花几乎全为无性花，所谓的『花』只是萼片而已。中国栽培八仙花的时间较早，在明、清时代建造的江南园林中都栽有绣球花。人工培育的绣球花花大色艳，花色有蓝色、白色、紫红、粉红、桃红等色，是一种常见的观赏花木。

9月2日 · 农历八月初四 · 星期一

日	一	二	三	四	五	六
1	2	3	4	5	6	7
8	9	10	11	12	13	14
15	16	17	18	19	20	21
22	23	24	25	26	27	28
29	30					

9月3日 · 农历八月初五 · 抗战胜利日 · 星期二

9月4日 · 农历八月初六 · 星期三

9月5日 · 农历八月初七 · 星期四

要事提醒

九月

September

9月6日 · 农历八月初八 · 星期五

9月7日 · 农历八月初九 · 星期六

日	一	二	三	四	五	六
1	2	3	4	5	6	7
8	9	10	11	12	13	14
15	16	17	18	19	20	21
22	23	24	25	26	27	28
29	30					

9月8日·农历八月初十·白露·星期日

要事提醒

三角梅

Sanjiaomei

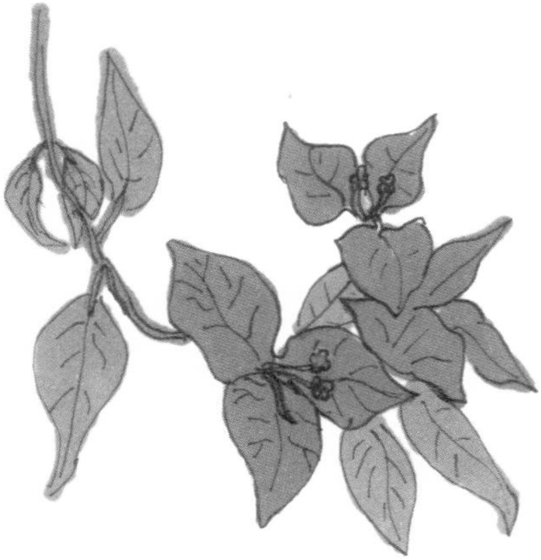

三角梅别名叶子花、宝巾、簕杜鹃、小叶九重葛、三角花、紫三角、紫亚兰、紫茉莉科叶子花属藤状灌木。喜温暖湿润气候，不耐寒，喜充足光照。品种多样，植株适应性强，不仅在南方地区广泛分布，在寒冷的北方也可栽培。原产巴西。我国南方栽植于庭院、公园，北方栽培于温室，是美丽的观赏植物。

九月

September

黄金菊

Huangjinju

黄金菊是菊科菊属多年生草本花卉，叶子绿色，花黄色，花心黄色，夏季开花。全株具香气，叶略带草香及苹果的香气。主要分布于我国的东北、华北、华东、华南、西北、西南、华中等地区。其观赏分类为观花类

9月9日 · 农历八月十一 · 星期一

日	一	二	三	四	五	六
1	2	3	4	5	6	7
8	9	10	11	12	13	14
15	16	17	18	19	20	21
22	23	24	25	26	27	28
29	30					

9月10日 · 农历八月十二 · 教师节 · 星期二

9月11日 · 农历八月十三 · 星期三

9月12日 · 农历八月十四 · 星期四

要事提醒

九月

September

9月13日 · 农历八月十五 · 中秋节 · 星期五

9月14日 · 农历八月十六 · 星期六

日	一	二	三	四	五	六
1	2	3	4	5	6	7
8	9	10	11	12	13	14
15	16	17	18	19	20	21
22	23	24	25	26	27	28
29	30					

9月15日 · 农历八月十七 · 星期日

要事提醒

石蒜花

Shisuanhua

石蒜属石蒜科石蒜属，鳞茎近球形。雄蕊显著伸出于花被外，比花被长一倍左右。花期八至九月，果期十月。野生于阴湿山坡和溪沟边。分布于中国多地，日本也有。此花现已广泛栽培，具有较高的园艺价值。

九月
September

鸡蛋花
Jidanhua

鸡蛋花，别名缅栀子、蛋黄花、印度素馨、大季花，夹竹桃科鸡蛋花属落叶灌木或小乔木。鸡蛋花夏季开花，清香优雅。落叶后，光秃的树干弯曲自然，其状甚美。鸡蛋花被佛教寺院定为『五树六花』之一而被广泛栽植，故又名『庙树』或『塔树』。

9月16日 · 农历八月十八 · 星期一

日	一	二	三	四	五	六
1	2	3	4	5	6	7
8	9	10	11	12	13	14
15	16	17	18	19	20	21
22	23	24	25	26	27	28
29	30					

9月17日 · 农历八月十九 · 星期二

9月18日 · 农历八月二十 · 星期三

9月19日 · 农历八月二十一 · 星期四

要事提醒

九月

September

9月20日 · 农历八月二十二 · 星期五

9月21日 · 农历八月二十三 · 星期六

日	一	二	三	四	五	六
1	2	3	4	5	6	7
8	9	10	11	12	13	14
15	16	17	18	19	20	21
22	23	24	25	26	27	28
29	30					

9月22日 · 农历八月二十四 · 星期日

要事提醒

凌霄花

Lingxiaohua

凌霄花是紫葳科凌霄属攀援藤本植物，分布于中国中部，性喜温暖湿润、有阳光的环境，稍耐阴。借气生根攀援它物向上生长，羽状复叶，小叶卵形，边缘有锯齿，花鲜红色，花冠漏斗形，结蒴果，喜欢排水良好的土壤，较耐水湿、并有一定的耐盐碱能力。有药用价值，也具观赏价值。

九月 September

扶桑花 Fusanghua

扶桑花别名：朱槿、赤槿、日及、佛桑、红扶桑、红木槿、桑槿、火红花，为锦葵科木槿属常绿大灌木。叶子形似桑叶。花大，有下垂或直上之柄，单生于上部叶腋间，有单瓣、重瓣之分。可以作为观赏和绿化用植物。

9月23日 · 农历八月二十五 · 秋分 · 星期一

日	一	二	三	四	五	六
1	2	3	4	5	6	7
8	9	10	11	12	13	14
15	16	17	18	19	20	21
22	23	24	25	26	27	28
29	30					

9月24日 · 农历八月二十六 · 星期二

9月25日 · 农历八月二十七 · 星期三

9月26日 · 农历八月二十八 · 星期四

要事提醒

九月

September

9月27日 · 农历八月二十九 · 星期五

9月28日 · 农历八月三十 · 星期六

9月29日 · 农历九月初一 · 星期日

日	一	二	三	四	五	六
1	2	3	4	5	6	7
8	9	10	11	12	13	14
15	16	17	18	19	20	21
22	23	24	25	26	27	28
29	30					

要事提醒

桂花 Guihua

桂花是木犀科木樨属常绿灌木或小乔木，其园艺品种繁多，最具代表性的有金桂、银桂、丹桂、月桂等。桂花是中国传统十大名花之一，桂花浓香扑鼻，堪称一绝。尤其是仲秋时节，丛桂怒放，夜静月圆之际，把酒赏桂，令人神清气爽。

十月

October

国庆

假期见闻

生活不止眼前的苟且，还有诗和远方……

日	一	二	三	四	五	六
		1	2	3	4	5
6	7	8	9	10	11	12
13	14	15	16	17	18	19
20	21	22	23	24	25	26
27	28	29	30	31		

一叶知秋

停车坐爱枫林晚，霜叶红于二月花。赏秋时节，最美的莫过于层林尽染的红叶。

秋英 Qiuying

秋英又名波斯菊，是菊科秋葵属一年生或多年生草本植物，舌状花紫红色、粉红色或白色。波斯菊原产于墨西哥，在哥伦布发现新大陆之后，欧洲人才有缘见这种楚楚动人的花。船员们采下种子，将它带回欧洲栽种，由于它的长相讨人喜爱，又容易栽培，很快就从花园伸向郊野、山林，在欧洲大陆落地生根。之后更是被很多地区引种，成为大家喜欢的观赏花卉。

十月

October

国庆

假期见闻

生活不止眼前的苟且，还有诗和远方……

日	一	二	三	四	五	六
		1	2	3	4	5
6	7	8	9	10	11	12
13	14	15	16	17	18	19
20	21	22	23	24	25	26
27	28	29	30	31		

秋季宜赏菊

不畏风霜向晚秋，独开众卉已凋时。

深秋时节，赏菊正当时。

十月
October

矾根
Fangen

矾根，又名珊瑚铃，虎耳草科矾根属，多年生耐寒草本花卉，浅根性。叶基生，阔心形，深紫色，在温暖地区常绿，花小，钟状，红色，两侧对称。喜半阴，耐全光；园林中多用于林下花境、地被、庭院绿化等。花期四至十月。是理想的宿根花境材料。也是近些年从国外引入的多年生宿根花卉。

10月8日 · 农历九月初十 · 寒露 · 星期二

日	一	二	三	四	五	六
		1	2	3	4	5
6	7	8	9	10	11	12
13	14	15	16	17	18	19
20	21	22	23	24	25	26
27	28	29	30	31		

10月9日 · 农历九月十一 · 星期三

10月10日 · 农历九月十二 · 星期四

10月11日 · 农历九月十三 · 星期五

要事提醒

十月

October

10月12日 · 农历九月十四 · 星期六

日	一	二	三	四	五	六
		1	2	3	4	5
6	7	8	9	10	11	12
13	14	15	16	17	18	19
20	21	22	23	24	25	26
27	28	29	30	31		

10月13日 · 农历九月十五 · 星期日

要事提醒

昙花 Tanhua

昙花是仙人掌科昙花属植物，开放时，花筒慢慢翘起，绛紫色的外衣慢慢打开，然后由20多片花瓣组成的、洁白如雪的大花朵就开放了。开放时花瓣和花蕊都在颤动且艳丽动人。可是只三至四小时后，花冠闭合，花朵很快就凋谢了，真可谓『昙花一现』。

十月

October

桔梗花

Jiegenghua

桔梗属桔梗科桔梗属，别名僧冠帽、苦根菜、梗草、包袱花、六角荷、白药，也叫铃铛花。李时珍在《本草纲目》中释其名曰：『此草之根结实而梗直，故名桔梗』。

10月14日 · 农历九月十六 · 星期一

日	一	二	三	四	五	六
		1	2	3	4	5
6	7	8	9	10	11	12
13	14	15	16	17	18	19
20	21	22	23	24	25	26
27	28	29	30	31		

10月15日 · 农历九月十七 · 星期二

10月16日 · 农历九月十八 · 星期三

10月17日 · 农历九月十九 · 星期四

要事提醒

十月

October

10月18日 · 农历九月二十 · 星期五

10月19日 · 农历九月二十一 · 星期六

日	一	二	三	四	五	六
		1	2	3	4	5
6	7	8	9	10	11	12
13	14	15	16	17	18	19
20	21	22	23	24	25	26
27	28	29	30	31		

要事提醒

金丝桃

Jinsitao

金丝桃，又叫狗胡花（安徽霍山），金线蝴蝶（四川南川，浙江乐清），过路黄（四川奉节），金丝海棠（山东崂山），金丝莲（陕西石泉）、土连翘，为藤黄科金丝桃属植物，半常绿小乔木或灌木。花集合成聚伞花序着生在枝顶，花色金黄，其呈束状纤细的雄蕊花丝，灿若金丝。

十月 October

虞美人

Yumeiren

虞美人为罂粟科罂粟属一年生草本植物，也叫丽春花、赛牡丹、满园春、仙女蒿、虞美人草、舞草，花单生于茎和分枝顶端，花蕾长圆状倒卵形，下垂；萼片2，宽椭圆形；花瓣4，圆形、横向宽椭圆形或宽倒卵形，为观赏植物。

10月21日 · 农历九月二十三 · 星期一

日	一	二	三	四	五	六
		1	2	3	4	5
6	7	8	9	10	11	12
13	14	15	16	17	18	19
20	21	22	23	24	25	26
27	28	29	30	31		

10月22日 · 农历九月二十四 · 星期二

10月23日 · 农历九月二十五 · 星期三

10月24日 · 农历九月二十六 · 霜降 · 星期四

要事提醒

十月

October

10月25日 · 农历九月二十七 · 星期五

10月26日 · 农历九月二十八 · 星期六

日	一	二	三	四	五	六
		1	2	3	4	5
6	7	8	9	10	11	12
13	14	15	16	17	18	19
20	21	22	23	24	25	26
27	28	29	30	31		

10月27日 · 农历九月二十九 · 星期日

要事提醒

野牡丹

Yemudan

野牡丹为毛茛科芍药属灌木，别名山石榴、大金香炉。是美丽的观花植物，可孤植或片植，或丛植布置园林。野牡丹花朵由五片花瓣组成，花色为玫瑰红色或粉红色，在阳光下闪闪动人，令人惊艳。它的花苞陆续开放，花期可达全年，具有很高的观赏价值。另外，野牡丹植株的形态甚佳，照顾管理也比较容易，在园林绿化中逐渐被推广利用，适合在花坛绿化种植或盆栽。

十月 October

夹竹桃

Jiazhutao

夹竹桃为夹竹桃科夹竹桃属常绿直立大灌木，夹竹桃花大、艳丽、花期长，常作观赏或行道树；用插条、压条繁殖，极易成活。需要特别注意的是，夹竹桃的叶、树皮、根、花、种子均有较强毒性，人、畜不要误食。

10月28日 · 农历十月初一 · 寒衣节 · 星期一

日	一	二	三	四	五	六
		1	2	3	4	5
6	7	8	9	10	11	12
13	14	15	16	17	18	19
20	21	22	23	24	25	26
27	28	29	30	31		

10月29日 · 农历十月初二 · 星期二 ☀☐ ⛅☐ 🌧☐ ⛈☐

10月30日 · 农历十月初三 · 星期三 ☀☐ ⛅☐ 🌧☐ ⛈☐

10月31日 · 农历十月初四 · 星期四 ☀☐ ⛅☐ 🌧☐ ⛈☐

要事提醒

十一月

November

日	一	二	三	四	五	六
					1	2
3	4	5	6	7	8	9
10	11	12	13	14	15	16
17	18	19	20	21	22	23
24	25	26	27	28	29	30

11 月 1 日 · 农历十月初五 · 星期五

11 月 2 日 · 农历十月初六 · 星期六

要事提醒

旱金莲

Hanjinlian

旱金莲是旱金莲科旱金莲属多年生的半蔓生或倾卧植物。旱金莲叶肥花美，花色有紫红、橘红、乳黄等，金莲花蔓茎缠绕，叶形如碗莲，乳黄色花朵盛开时，如群蝶飞舞，是一种重要的观赏花卉。

十一月

November

金边虎尾兰

Jinbianhuweilan

金边虎尾兰是天门冬科虎尾兰属虎尾兰的变种。为多年生草本植物，有横走根状茎。叶片基生，直立，硬革质，扁平，长条状披针形，有白绿色相间的横带斑纹，边缘绿色，叶纤维强韧，可供编织用。金边虎尾兰在吸收二氧化碳的同时放出氧气使室内空气中的负离子浓度增加，是净化室内环境的观叶植物。

11 月 4 日 · 农历十月初八 · 星期一

日	一	二	三	四	五	六
					1	2
3	4	5	6	7	8	9
10	11	12	13	14	15	16
17	18	19	20	21	22	23
24	25	26	27	28	29	30

🕐 11月5日 · 农历十月初九 · 星期二　　☀️☐ ⛅️☐ 🌧☐ ☁️☐

🕐 11月6日 · 农历十月初十 · 星期三　　☀️☐ ⛅️☐ 🌧☐ ☁️☐

🕐 11月7日 · 农历十月十一 · 星期四　　☀️☐ ⛅️☐ 🌧☐ ☁️☐

要事提醒

十一月

November

日	一	二	三	四	五	六
					1	2
3	4	5	6	7	8	9
10	11	12	13	14	15	16
17	18	19	20	21	22	23
24	25	26	27	28	29	30

11月8日 · 农历十月十二 · 立冬 · 星期五

11月9日 · 农历十月十三 · 星期六

11月10日 · 农历十月十四 · 星期日

要事提醒

大蒜 Dasuan

大蒜，又叫蒜头、大蒜头、胡蒜、葫、独蒜、独头蒜，是蒜类植物的统称。一年生草本植物，百合科葱属。春、夏采收，扎把，悬挂通风处，阴干备用。可食用或供调味，亦可入药。地下鳞茎分瓣，按皮色不同分为紫皮种和白皮种。

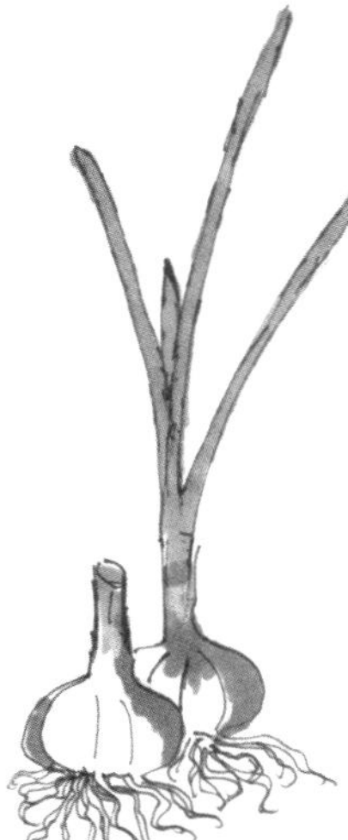

十一月 November

琴叶榕 Qinyerong

琴叶榕是桑科榕属小灌木，高可达两米；叶片纸质，提琴形或倒卵形因叶先端膨大呈提琴形而得名。生于山地，旷野或灌丛林下。茎干直立，极少分枝。其叶片深绿色，具光泽，全缘常呈波状起伏，叶脉凹陷，节间较短，叶片密集生长，蓬勃向上，具较高的观赏价值。

11月11日 · 农历十月十五 · 下元节 · 星期一

日	一	二	三	四	五	六
					1	2
3	4	5	6	7	8	9
10	11	12	13	14	15	16
17	18	19	20	21	22	23
24	25	26	27	28	29	30

11月12日 · 农历十月十六 · 星期二

11月13日 · 农历十月十七 · 星期三

11月14日 · 农历十月十八 · 星期四

要事提醒

十一月

November

11月15日 · 农历十月十九 · 星期五

11月16日 · 农历十月二十 · 星期六

日	一	二	三	四	五	六
					1	2
3	4	5	6	7	8	9
10	11	12	13	14	15	16
17	18	19	20	21	22	23
24	25	26	27	28	29	30

11月17日 · 农历十月二十一 · 星期日

要事提醒

散尾葵

Sanweikui

散尾葵，又名黄椰子、紫葵。棕榈科散尾葵属丛生常绿灌木或小乔木。茎干光滑，黄绿色，无毛刺，嫩时披蜡粉，上有明显叶痕，纹呈环状。叶面滑、细、长，羽状全裂，幼树盆栽作室内装饰。

十一月
November

吊兰
Diaolan

吊兰又称垂盆草、挂兰、钓兰、兰草、折鹤兰、空气卫士，西欧又叫蜘蛛草或飞机草，属百合科吊兰属，原产于南非。叶丛生，线形，叶细长，似兰花。有时中间有绿色或黄色条纹。花茎从叶丛中抽出，花白色，常二至四朵簇生，植株有净化空气的作用。

11 月 18 日 · 农历十月二十二 · 星期一

日	一	二	三	四	五	六
					1	2
3	4	5	6	7	8	9
10	11	12	13	14	15	16
17	18	19	20	21	22	23
24	25	26	27	28	29	30

11月19日 · 农历十月二十三 · 星期二

11月20日 · 农历十月二十四 · 星期三

11月21日 · 农历十月二十五 · 星期四

要事提醒

十一月

November

11月22日 · 农历十月二十六 · 小雪 · 星期五

11月23日 · 农历十月二十七 · 星期六

日	一	二	三	四	五	六
					1	2
3	4	5	6	7	8	9
10	11	12	13	14	15	16
17	18	19	20	21	22	23
24	25	26	27	28	29	30

11月24日 · 农历十月二十八 · 星期日

要事提醒

常春藤

Changchunteng

常春藤属五加科常春藤属，叶形美丽，四季常青，在南方各地常作垂直绿化使用。多栽植于假山旁、墙根，让其自然附着垂直或覆盖生长，起到装饰美化环境的效果。盆栽时，以中小盆栽为主，可设计多种造型，在室内陈设。也可用来遮盖室内花园的墙壁，使室内花园景观更加自然美丽。

十一月

November

子持莲华

Zichilianhua

子持莲华为景天科瓦松属多年生肉质草本植物，单生直径二至五厘米，莲座球状，匍匐茎从叶腋处生出，淡绿色，无毛。该种叶形叶色较美，颜色艳丽，繁殖简单，养护容易，具有一定的观赏价值。

🕐 11月25日 · 农历十月二十九 · 星期一   ☀☐ ⛅☐ ⛆☐ ⛈☐

日	一	二	三	四	五	六
					1	2
3	4	5	6	7	8	9
10	11	12	13	14	15	16
17	18	19	20	21	22	23
24	25	26	27	28	29	30

11月26日 · 农历十一月初一 · 星期二

11月27日 · 农历十一月初二 · 星期三

11月28日 · 农历十一月初三 · 感恩节 · 星期四

要事提醒

十一月

November

日	一	二	三	四	五	六
					1	2
3	4	5	6	7	8	9
10	11	12	13	14	15	16
17	18	19	20	21	22	23
24	25	26	27	28	29	30

11月29日 · 农历十一月初四 · 星期五

11月30日 · 农历十一月初五 · 星期六

12月1日 · 农历十一月初六 · 艾滋病日 · 星期日

要事提醒

熊童子

Xiongtongzi

熊童子是景天科银波锦属的多年生肉质草本植物，植株多分枝，茎绿色，肉质叶肥厚，交互对生，卵圆形，绿色，密生白色短毛。叶端具红色爪样齿，形似小熊的脚掌，形态奇特，十分可爱，观赏价值很高。

十二月

December

玉露

Yulu

玉露为多年生肉质草本植物，植株初为单生，以后逐渐呈群生状。肉质叶呈紧凑的莲座状排列，叶片肥厚饱满，翠绿色，上半段呈透明或半透明状，称为『窗』，有深色的线状脉纹，在阳光较为充足的条件下，其脉纹为褐色，叶顶端有细小的『须』。玉露因其漂亮的外形受到多肉爱好者的喜爱。

12月2日 · 农历十一月初七 · 星期一

日	一	二	三	四	五	六
1	2	3	4	5	6	7
8	9	10	11	12	13	14
15	16	17	18	19	20	21
22	23	24	25	26	27	28
29	30	31				

12月3日 · 农历十一月初八 · 星期二

12月4日 · 农历十一月初九 · 星期三

12月5日 · 农历十一月初十 · 星期四

要事提醒

十二月

December

12月6日 · 农历十一月十一 · 星期五

12月7日 · 农历十一月十二 · 大雪 · 星期六

日	一	二	三	四	五	六
1	2	3	4	5	6	7
8	9	10	11	12	13	14
15	16	17	18	19	20	21
22	23	24	25	26	27	28
29	30	31				

12月8日·农历十一月十三·星期日

要事提醒

乙女心

Yinnüxin

乙女心是景天科景天属的多肉植物，原产墨西哥。多年生亚灌木，茎叶肉质，株高5-30厘米。叶片簇生于茎顶，圆柱状，淡绿色或淡灰蓝色，叶先端具红色，叶长三至四厘米。叶形叶色较美，有一定的观赏价值；但最好不要过久放置在室内，否则容易造成植物的徒长。

十二月

December

花月夜

Huayueye

花月夜是属于景天科拟石莲花属的多肉植物（也称多浆植物），有厚叶型和薄叶型两种，喜阳光，耐旱。春秋是其生长旺季。叶子勺形，叶尖有红边，日照充足的情况下叶边会变红。整株植物呈一朵莲花造型。花朵是铃铛形的，花色是黄色。花期为春季。

12月9日 · 农历十一月十四 · 星期一

日	一	二	三	四	五	六
1	2	3	4	5	6	7
8	9	10	11	12	13	14
15	16	17	18	19	20	21
22	23	24	25	26	27	28
29	30	31				

12 月 10 日 · 农历十一月十五 · 星期二

12 月 11 日 · 农历十一月十六 · 星期三

12 月 12 日 · 农历十一月十七 · 星期四

要事提醒

十二月

December

12月13日 · 农历十一月十八 · 国家公祭日 · 星期五

12月14日 · 农历十一月十九 · 星期六

日	一	二	三	四	五	六
1	2	3	4	5	6	7
8	9	10	11	12	13	14
15	16	17	18	19	20	21
22	23	24	25	26	27	28
29	30	31				

12月15日 · 农历十一月二十 · 星期日

要事提醒

香豌豆

Xiangwandou

香豌豆为豆科豌豆属一年生草本，为著名观赏植物。原产意大利，我国各地均有栽培。花极香，长2~3厘米，通常紫色，也有白色、粉红色、红紫色、紫堇色及蓝色等各种颜色。

十二月

December

忍冬

Rendong

忍冬为忍冬科忍冬属多年生半常绿缠绕灌木。别称金银花（本草纲目），不同地区有不同的叫法。如金银藤（江西铅山、云南楚雄），银藤（浙江临海、江苏），二色花藤（上海），二宝藤、右转藤（四川），子风藤（浙江丽水），蜜桷藤（江西铅山），鸳鸯藤（福建。忍冬，带叶的茎枝名忍冬藤，供药用。亦作观赏植物。

12月16日 · 农历十一月二十一 · 星期一

日	一	二	三	四	五	六
1	2	3	4	5	6	7
8	9	10	11	12	13	14
15	16	17	18	19	20	21
22	23	24	25	26	27	28
29	30	31				

12月17日 · 农历十一月二十二 · 星期二

12月18日 · 农历十一月二十三 · 星期三

12月19日 · 农历十一月二十四 · 星期四

要事提醒

十二月

December

日	一	二	三	四	五	六
1	2	3	4	5	6	7
8	9	10	11	12	13	14
15	16	17	18	19	20	21
22	23	24	25	26	27	28
29	30	31				

12月20日 · 农历十一月二十五 · 星期五

12月21日 · 农历十一月二十六 · 星期六

12月22日 · 农历十一月二十七 · 冬至 · 星期日

要事提醒

瑞香花 Ruixianghua

瑞香为瑞香科瑞香属常绿灌木，是我国传统名花。因其植株矮壮，树形自然而潇洒，故又称蓬莱花、风流树。叶互生，质厚，长椭圆形；花蕾红色，开后淡白色，花小而多，香气芳醇持久，花期可提早到春节期间。观赏价值很高，为盆栽欣赏植物。

十二月 December

黑法师

Heifashi

黑法师是景天科莲花掌属的栽培品种，自然界不存在分布。紫黑色的叶片呈莲座状层叠排列，给人以庄重神秘之感，观赏价值高。宜用排水透气良好的介质种植。

12月23日 · 农历十一月二十八 · 星期一

日	一	二	三	四	五	六
1	2	3	4	5	6	7
8	9	10	11	12	13	14
15	16	17	18	19	20	21
22	23	24	25	26	27	28
29	30	31				

12 月 24 日 · 农历十一月二十九 · 平安夜 · 星期二

12 月 25 日 · 农历十一月三十 · 圣诞节 · 星期三

12 月 26 日 · 农历十二月初一 · 星期四

要事提醒

十二月

December

12 月 27 日 · 农历十二月初二 · 星期五

12 月 28 日 · 农历十二月初三 · 星期六

日	一	二	三	四	五	六
1	2	3	4	5	6	7
8	9	10	11	12	13	14
15	16	17	18	19	20	21
22	23	24	25	26	27	28
29	30	31				

要事提醒

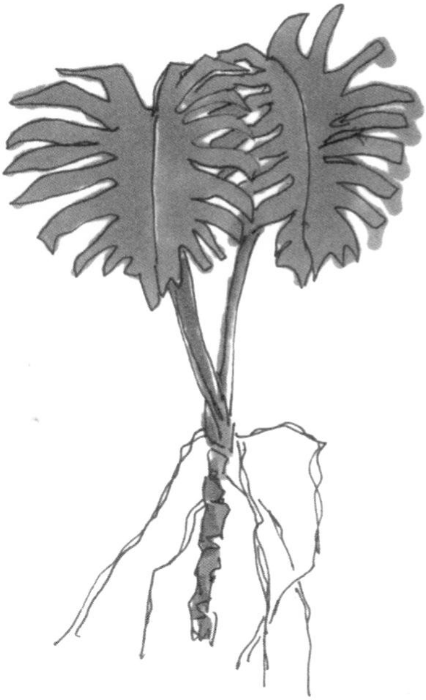

龟背竹

Guibeizhu

龟背竹，是天南星科龟背竹属的一种多年生木质藤本攀缘性常绿灌木，别名蓬莱蕉、龟背蕉、电线兰，生于林中，攀缘树上。叶片大，轮廓心状卵形，厚革质，表面发亮，淡绿色，背面绿白色。为观叶植物，原产墨西哥，各热带地区多引种栽培供观赏。

十二月

December

日	一	二	三	四	五	六
1	2	3	4	5	6	7
8	9	10	11	12	13	14
15	16	17	18	19	20	21
22	23	24	25	26	27	28
29	30	31				

12 月 30 日 · 农历十二月初五 · 星期一

12 月 31 日 · 农历十二月初六 · 星期二